AF252724

NOTE

SUR

LA VALÉRIANE

SUR L'ANALYSE DE SA RACINE

PAR LA MÉTHODE DE DÉPLACEMENT

ET SUR

LE VALÉRIANATE D'AMMONIAQUE

PAR

M. PIERLOT, PHARMACIEN.

PARIS

CHEZ L'AUTEUR, RUE MAZARINE, 40;

PRÈS DE L'INSTITUT.

1862

NOTE

SUR LA VALÉRIANE

ET

SUR LE VALÉRIANATE D'AMMONIAQUE

PAR

M. PIERLOT, PHARMACIEN.

L'ensemble des connaissances que comporte la pharmacie constitue à la fois une science et un art. En effet, outre la préparation des médicaments, elle comprend encore l'étude des matières premières usitées en médecine, c'est-à-dire leurs caractères naturels, physiques et chimiques. Ces notions ont une grande valeur pour le médecin, auquel elles permettent de se rendre compte du mode d'action des substances qu'il emploie, et d'en varier à son gré les applications.

Au nombre des agents les plus précieux de la matière médicale figure la *valériane*. Les travaux entrepris sur cette plante, au double point de vue botanique et chimique, renferment des erreurs, ou ont omis des faits qui sont d'une très-grande importance pour son usage thérapeutique. Je crois donc utile de publier mes recherches et mes observations sur la physiologie et la composition organique de cette plante.

De la valériane.— Le genre valériane (*triandrie monogynie*, L.) renferme plusieurs espèces, dont quelques-unes sont utilement employées en pharmacie. A leur tête se place la *valériane sylvestre, valeriana elatior sylvestris (valeriana officinalis,* L.), vulgairement appelée *valériane sauvage, petite valériane.* Elle croît au milieu des taillis nouvellement coupés, dans les terrains sablonneux, ou parmi les bruyères. Cette plante, que tous les botanistes considèrent comme vivace, est seulement *bisannuelle.* La première année poussent des feuilles radicales pennatiséquées, à folioles irrégulièrement dentées, du milieu desquelles s'élève, au printemps suivant, une tige garnie de feuilles ternées, à folioles étroites à peine dentées, portant bientôt des fleurs également ternées, auxquelles succèdent des fruits ; puis, la plante périt.

La racine de valériane est un rhizome globuleux, duquel partent un nombre assez considérable de fibres blanchâtres environnées de fibrilles grêles. Cette racine est *stolonifère,* ce qui, joint à son odeur spéciale, constitue un excellent caractère pour la distinguer de celle de la scabieuse succise, avec laquelle on la mélange quelquefois. Dès la première année, à l'automne, et surtout la deuxième année, au printemps, poussent des rejetons qui, comme la plante mère, accomplissent leur évolution en deux années. Ils en diffèrent, toutefois, en ce que leur tige ne porte que des feuilles opposées. Après la fructification, la racine, déjà amoindrie, se désorganise, pourrit et disparaît vers la fin de l'automne.

La valériane officinale est donc un véritable type des plantes bisannuelles, et la récolte doit s'en faire en automne.

Une autre variété, confondue dans le commerce avec la précédente, se trouve en assez grande abondance aux environs de Paris : c'est la *valériane palustre, valeriana elatior uliginosa (valeriana officinalis,* L.). On la rencontre dans les prairies découvertes, humides, marécageuses. Elle diffère de la variété sylvestre par ses feuilles beaucoup plus grandes, à folioles dentées en scie, opposées de même que ses fleurs, et par la proportion une et même deux fois moins considérable des principes actifs qu'elle contient. Elle est également bisannuelle, et sa racine stolonifère.

La racine de la valériane sylvestre se trouve, dit-on, souvent mélangée avec celle de la *valériane aquatique* (*valeriana dioïca*, L.). Cette fraude n'est guère possible, car la racine de cette petite plante, d'ailleurs assez rare, n'a aucune ressemblance avec la précédente ; elle forme un rhizome horizontal de la grosseur d'une paille, long de 12 centimètres, annelé, émettant aux extrémités des anneaux quelques fibres capillaires ; fraîche ou desséchée, elle est presque inodore, et elle ne renferme pas d'acide valérianique.

La valériane sylvestre mérite donc spécialement le nom d'*officinale*. Sa tige, ses feuilles et ses fleurs ne contiennent aucun des principes propres à la racine, qui est seule employée en médecine. C'est sur cette partie de la plante que portent les observations qui font l'objet de ce travail.

Analyse de la racine de valériane. —Dans deux mémoires présentés, l'un à la Société de pharmacie, en 1856, l'autre à l'Académie des sciences, en 1857, j'ai démontré que l'acide valérianique préexiste dans la racine fraîche de valériane, et qu'il s'y trouve en plus grande quantité que dans la racine desséchée. Je rappellerai en quelques mots les procédés fort simples qui permettent de vérifier cette double assertion.

1° Il suffit d'écraser sur du papier bleu de tournesol une fibre de la racine fraîche ; il se manifeste aussitôt une forte réaction acide.

2° En faisant macérer des racines fraîches dans l'alcool ou dans l'éther, on obtient une teinture qui rougit le papier réactif.

3° La macération des racines fraîches dans une solution alcaline donne un sel d'où l'on extrait l'acide valérianique.

4° La distillation par voie sèche fournit un liquide très-acide.

La quantité d'acide recueillie dans chacune de ces expériences est d'environ 0,01. Cette proportion est deux fois moindre lorsqu'on opère sur la racine sèche.

A l'état frais, la racine de valériane sylvestre répand moins d'odeur que lorsqu'elle a été desséchée. La raison en est que l'acide valérianique et l'huile essentielle qu'elle renferme sont eux-mêmes beaucoup moins odorants lorsqu'ils sont hydratés. Mais, lorsque par la dessiccation elle a perdu les deux tiers environ de son poids, elle exhale cette odeur pénétrante qu'on lui connaît.

Jusqu'à ce jour, l'analyse de la racine de valériane a été faite à l'aide de la chaleur ou de substances chimiques. Pour éviter toutes les chances d'altération pouvant résulter de l'intervention de ces agents, j'ai eu recours à une analyse naturelle par la méthode de déplacement. Les résultats obtenus ont été identiquement les mêmes.

Des racines fraîches de valériane sylvestre sont écrasées et introduites dans l'appareil à déplacement de M. le professeur Guibourt. On les recouvre d'éther, qui chasse peu à peu l'eau de végétation et retient l'huile essentielle, ainsi que les acides valérianique et malique. L'eau déplacée gagne la partie inférieure de l'entonnoir, tenant en dissolution la matière extractive et l'albumine. A mesure qu'on la soutire, cette eau est remplacée par de nouvelles quantités d'éther. Dès que l'éther ne déplace plus d'eau, les racines sont soumises à la presse et traitées une dernière fois par l'éther ; puis on les lave sur un tamis de crin serré, avec de l'eau distillée que l'on décante après l'avoir laissée déposer pendant vingt-quatre heures. On obtient alors des résultats différents, suivant l'âge de la racine. Lorsqu'elle a été récoltée la première année pendant l'automne, on trouve dans le dépôt une proportion considérable d'amidon ; si la récolte a été faite au printemps suivant, il n'en existe plus que des traces ; mais, dans ce cas, l'eau décantée renferme une certaine proportion d'une matière gommeuse que l'on retrouve également dans l'eau déplacée.

Les différentes quantités d'éther qui ont baigné les racines sont réunies et distillées au bain-marie à 30 degrés. Cette distillation produit de l'éther à peu près inodore, et un résidu formé d'une matière oléagineuse, d'une couleur jaune verdâtre, rougissant fortement le papier réactif, et possédant seul toute l'odeur de la valériane. Ce résidu, soumis à une nouvelle distillation avec trente ou quarante fois son poids d'eau distillée, donne une eau très-acide, à la surface de laquelle nage l'huile essentielle, et qui contient l'acide valérianique, que l'on retire par les procédés ordinaires. Le résidu de cette seconde distillation renferme l'acide malique, que l'on obtient par des dissolutions et des cristallisations successives dans l'alcool pur. L'eau de végétation déplacée renferme la matière extractive et l'albumine. Si on y verse de l'éther alcoolisé, l'albumine, coagulée, vient gagner la surface et est enlevée ; on obtient la matière extractive en évaporant à la vapeur jusqu'à consistance voulue.

La racine de valériane présente donc, aux diverses époques de son existence, des différences marquées dans sa composition. 100 grammes de racines fraîches récoltées en automne donnent environ 37 grammes de racines sèches, tandis que la même quantité récoltée dans les mêmes conditions au printemps suivant, au moment de la floraison, n'en fournit plus que 25 grammes. On reconnaît à l'aide du microscope que les cellules qui, dans le premier cas, sont remplies d'amidon, en sont entièrement dépourvues dans le second. Les autres principes ont également subi une diminution proportionnelle.

Le tableau suivant indique comparativement les quantités des principes que renferme la racine fraîche dans les deux saisons :

| | 1re ANNÉE. | | 2e ANNÉE. |
| | Août. | Novembre. | Mai. |
	gr. c.	gr. c.	gr. c.
Huile essentielle.	» 20	» 25	» 15
Acide valérianique.	1 »	1 10	» 70
Acide malique.	» 20	» 25	» 10
Matière amylacée.	9 »	7 »	» »
Matière extractive.	4 20	7 75	3 »
Matière gommeuse.	» »	1 10	3 85
Albumine.	» 30	» 40	» »
Chaux.	» 10	» 15	» 20
Cellulose.	21 »	22 »	18 »
Eau.	64 »	60 »	74 »
	100 »	100 »	100 »

On remarquera dans ce tableau l'absence de la *résine* de valériane qui figure dans l'analyse de Tromsdorff. En effet, cette résine, due à l'altération du valérol contenu dans l'huile essentielle, n'existe pas dans la plante fraîche. Elle ne se trouve que dans la racine desséchée, et en quantité d'autant plus abondante que celle-ci est plus ancienne.

Je ne décrirai point ici les différents principes constitutifs de la racine de valériane ; j'indiquerai seulement quelques-uns des points les plus importants de leur histoire.

Huile essentielle. — Les Annales de chimie et de physique (juillet 1859) contiennent l'exposé de mes recherches, dont les résultats diffèrent beaucoup de ceux qui ont cours dans la science. En voici le résumé :

L'huile essentielle de valériane préexiste dans la racine fraîche. Récemment préparée, elle renferme toujours une notable quantité (0^{gr},05) d'acide valérianique, qui diminue à mesure qu'elle vieillit.

Lorsqu'on la distille sur de l'hydrate de potasse, il passe peu à peu, jusqu'à 200 degrés, un produit huileux dont l'odeur rappelle celle de l'essence de térébenthine. C'est le principe hydro-carboné de l'essence, que Gerhardt avait à tort appelé *bornéène*, puisqu'il ne fournit jamais de camphre. Je préfère le nom de *valérène*, qui présente du moins l'avantage de ne rien préjuger.

Si l'on continue la distillation, on obtient jusqu'à 280 degrés une huile oxygénée qui est le *valérol*. Ce dernier contient une notable quantité d'une substance camphrée solide, qui lui donne une forte odeur de foin. Cette substance, que l'on retrouve en plus grande abondance attachée au col de la cornue, est le *stéaroptène de valériane.*

L'acide valérianique s'est combiné à la potasse pour former du valérianate de potasse.

Ainsi obtenu, le valérol est parfaitement neutre. Le contact prolongé de l'air le résinifie, mais n'y développe aucun acide, contrairement à l'assertion de Gerhardt. L'erreur du célèbre chimiste vient de ce qu'il obtenait son valérol par la distillation de l'essence de valériane à l'aide de la seule chaleur. Or, dans ce cas, l'acide normalement contenu dans l'huile (0^{gr},05) se manifeste jusque dans les derniers produits secondaires; dès lors, ce qu'il appelait *valérol neutre rectifié* était nécessairement acide.

Les autres agents oxydants, le bioxyde de manganèse et le bichromate de potasse, entre autres, n'ont pas plus d'influence à cet égard.

Pendant ces opérations, il s'est dégagé une petite quantité d'eau, et il se forme une résine verte, qui reste dans la cornue.

L'essence de valériane a donc la composition suivante :

Acide valérianique..........................			5
Valérène...................................			25
Valérol.	Stéaroptène de valériane....	18	
	Résine...................	47	70
	Eau.....................	5	
			100

Acide valérianique. — Le point d'ébullition de cet acide varie avec son degré d'hydratation. Tandis que sa dissolution concentrée bout à 110 degrés, il bout à 130 degrés quand il est trihydraté, et à 175 degrés lorsqu'il ne contient plus qu'un équivalent d'eau. Brûlé sur une lame de platine, il ne répand pas de fuliginosités.

Matière extractive. — Très-soluble dans l'eau, insoluble dans l'alcool à 40 degrés et dans l'éther, cette matière est incolore dans la racine ; on la voit cependant colorer peu à peu l'eau déplacée dans l'appareil. Cette coloration se prononce davantage sous l'influence de l'air ou de la chaleur.

Matière amylacée. — Elle est blanche. La teinture d'iode la colore en bleu, comme l'amidon ordinaire, dont elle se distingue en ce qu'elle n'est qu'en partie soluble dans les acides minéraux.

VALÉRIANATE D'AMMONIAQUE

DE PIERLOT.

Le rapide aperçu qui précède permet maintenant d'aborder le côté médical de l'histoire de la valériane.

Connue de l'antiquité, cette plante, vantée outre mesure, puis trop décriée, mérite d'occuper une place importante en thérapeutique. Carminati, Mead, etc., lui reconnaissent les plus précieuses propriétés contre les maladies nerveuses. Fordyce, Guilbert, la regardent comme souveraine dans la migraine et dans les convulsions des enfants. Mais c'est contre l'épilepsie et l'hystérie qu'elle a été surtout employée. Fabius Columna, Panaroli, Tissot, Chomel, etc., pensent que la première est incurable lorsqu'elle a résisté à l'emploi de ce moyen; et il n'est pas de médecin qui ne l'ait souvent prescrite avec avantage contre les manifestations si variées de la seconde.

De nos jours, cependant, on ne croyait plus guère aux vertus de cette plante, et on ne la prescrivait que par une sorte d'habitude contre les symptômes les moins importants de l'hystérie et de l'hypocondrie.

Les études physiologiques et chimiques que j'ai faites sur cette racine, et dont les résultats sont consignés tant dans la note actuelle que dans des notes antérieures présentées aux Académies des sciences, de médecine, et à la Société de pharmacie, donnent le secret de ces apparentes contradictions. J'ai démontré, en effet, par mes analyses, que la composition organique de la valériane dépend de trois conditions importantes : son âge, sa station, sa dessiccation. Trop jeune, elle ne contient qu'une faible proportion de ses principes actifs ; trop âgée, elle éprouve une déperdition considérable de tous ses éléments. Récoltée dans les marais (variété palustre), elle ne renferme presque pas d'acide valérianique ni d'essence ; d'un autre côté, la dessiccation enlève la presque totalité de l'acide, dissipe le valérène et résinifie le valérol.

Haller et Cullen, sans descendre jusqu'à l'analyse, avaient déjà observé ces différences. Le premier dit que la valériane a beaucoup moins de vertu lorsqu'elle croît dans des terrains bas, humides, que lorsqu'elle vient sur les hauteurs ; il recommande de la dessécher rapidement et de la renouveler chaque année ; il ajoute que, sans ces précautions, elle produit des résultats thérapeutiques faibles ou nuls. Cullen dit que cette racine est presque toujours détériorée dans les officines; d'où il résulte que, quand un médecin la prescrivait, il pouvait compter sur son inefficacité.

Si l'on se rappelle que c'est à l'acide qu'elle renferme que la plante doit ses propriétés, on comprendra sans peine que, suivant la nature de la racine employée, on obtiendra des résultats éminemment variables. Aussi a-t-on pu, sans inconvénient, infliger à des malades le supplice inutile d'absorber chaque jour la dose énorme de 500 grammes de poudre de valériane privée, par la dessiccation et la pulvérisation même, des principes volatils auxquels la racine doit son efficacité.

Il était avantageux dès lors de lui substituer un remède constamment actif, stable, et représentant, sous un petit volume, toutes les propriétés de la valériane.

En 1846, prenant pour base du nouveau médicament l'acide valérianique normal, retiré de la racine, je l'associai à l'ammoniaque. La combinaison spontanée, indiquée dès 1823 par M. Chevreul, dans ses *Recherches chimiques sur les corps gras*, p. 114, 133 et 142, donne des cristaux, qui, malheureusement, se décomposent rapidement. Il me fallut donc renoncer à ce procédé ancien et infidèle, que j'avais, en 1854, communiqué à plusieurs personnes, et que l'on a depuis présenté comme pouvant seul donner un sel nouveau, stable, et à proportions définies. Similaire de l'acétate d'ammoniaque, *ce n'est*, en effet, *qu'à l'état liquide que le valérianate d'ammoniaque peut présenter la stabilité et la conservation indispensables à tous les médicaments officinaux.* Au point de vue médical, l'acétate d'ammoniaque solide ne doit pas plus être confondu avec l'acétate d'ammoniaque liquide ou esprit de Mindérérus que le valérianate d'ammoniaque solide ne peut l'être avec le *valérianate d'ammoniaque de Pierlot.*

Les essais tentés en 1853 par MM. Moreau (de Tours), Lélut, Baillarger, Mitivié, à la Salpêtrière; Delasiauve, à Bicêtre; Monod et Vigla, à la Maison municipale de santé, etc., etc., produisirent des résultats remarquables, qui ont démontré l'utilité thérapeutique de ma préparation dans les affections nerveuses en général, et en particulier contre les accidents protéiformes de l'hystérie, les spasmes, l'insomnie, les troubles nerveux qui assiégent les femmes à l'époque de la ménopause, les névralgies, les fièvres intermittentes rebelles, etc.; mais surtout contre l'épilepsie. Aux noms des médecins distingués qui précèdent, j'ajouterai seulement ceux de MM. Aubrun, Barthez, Chomel, Debout, Declat, Desmarres, Foville, Hervez de Chégoin, Le Paulmier, Mallez, Méding, etc., qui ont déclaré l'avoir employé avec avantage.

C'est à la suite de ces succès que l'Académie de médecine a reconnu l'utilité du valérianate d'ammoniaque.

Ainsi s'est trouvé réalisé le but que je m'étais proposé : *de fournir à la pratique médicale un moyen commode et sûr d'administrer les principes actifs de la valériane à haute dose, et dans des proportions constantes et déterminées.*

Je repousse énergiquement toute assimilation avec les divers produits qui, depuis l'invention de mon médicament, sont délivrés sous le même nom, et sont, en général, préparés avec l'acide amylique. Malgré l'identité de leur formule chimique, il est au moins étonnant de voir attribuer les mêmes propriétés thérapeutiques à deux acides provenant, l'un de l'huile de pomme de terre, et l'autre de la racine de valériane.

La posologie du *valérianate d'ammoniaque de Pierlot* a été établie avec le plus grand soin.=30 grammes de racine fraîche correspondent à 0,30 centigrammes d'acide valérianique ou à 10 grammes de ma préparation, dans laquelle l'ammoniaque figure pour 0,01.

La dose ordinaire pour les adultes est de 5 grammes (une cuillerée à café) matin et soir.

Aujourd'hui, la valériane, mieux connue, a repris son ancienne importance. Exempt des inconvénients attachés aux autres modes d'administration, le *valérianate d'ammoniaque de Pierlot* contribuera puissamment, j'en ai la conviction, à conserver à cette précieuse racine le rang élevé qui lui avait jadis été assigné en thérapeutique [1].

[1] Voyez le *Bulletin général de Thérapeutique*, 30 juin, 15 septembre et 30 octobre 1856 ; l'*Union médicale*, 30 août 1856; la *France médicale*, 15 novembre 1856 ; le *Répertoire de Pharmacie*, décembre 1856 ; et l'*Annuaire de Thérapeutique*, de M. BOUCHARDAT, année 1857.

Paris. — Typographie HENNUYER, rue du Boulevard, 7.

1ère Annéc

2ème Année.

VALÉRIANE SYLVESTRE

VALERIANA ELATIOR SYLVESTRIS

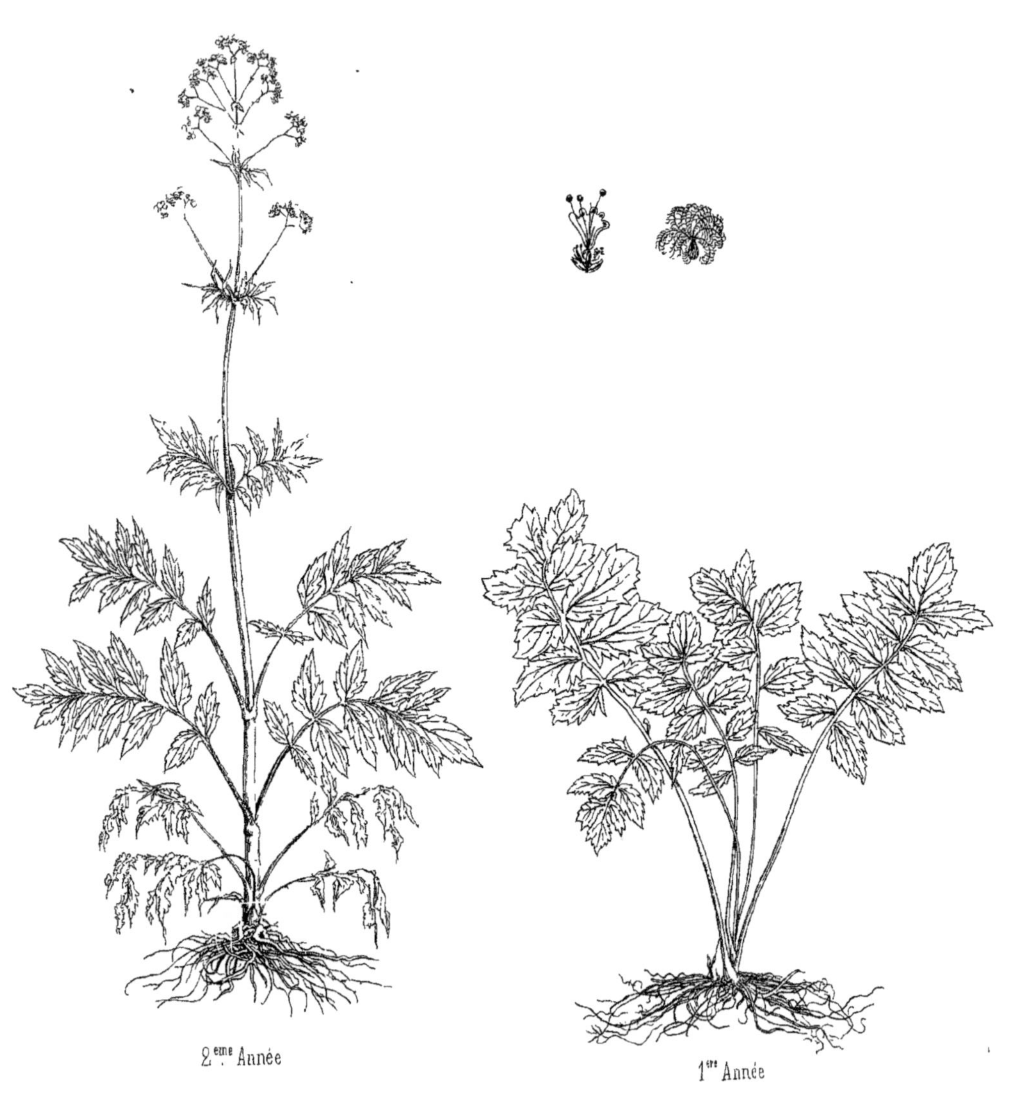

VALÉRIANE PALUSTRE.

VALERIANA ELATIOR ULIGINOSA

VALÉRIANE AQUATIQUE.

VALERIANA DIOICA L